STUDIEN
ÜBER DIE ZELLE.

Von

R. ALTMANN.

ERSTES HEFT.

MIT EINER TAFEL.

LEIPZIG,
VERLAG VON VEIT & COMP.
1886.

Druck von Metzger & Wittig in Leipzig.

Vorbemerkung.

In einer früheren Mittheilung (Ueber embryonales Wachsthum, Leipzig 1881.) war gezeigt worden, wie die Zellenvermehrung des Embryo in allen Organen nur von einer einheitlichen Fläche ausgeht, nämlich von derjenigen, welche vom Mesoderm am weitesten abliegt. Da das Mesoderm die Ernährungsquelle der Organe ist, so war damit ein Paradoxon gegeben, welches dazu herausforderte, nach den Ursachen der Zellentheilung zu fragen. Es scheint nun, als wenn zum Zustandekommen einer Zellentheilung nicht die Nahrungsstoffe selbst, sondern gewisse Mittelprodukte des Stoffwechsels nöthig sind, und dass deshalb im Embryo die Nahrungsstoffe, einschliesslich des Sauerstoffs, erst die Zellschichten der Organe passirt haben müssen, um in der letzten Schicht für die Zellenvermehrung verwendet werden zu können; sie müssen auf diesem Wege erst diejenigen Umwandlungen erfahren, welche für eine Zellenvermehrung günstig sind. Darum finden wir auch in den einschichtigen Organanlagen, dass der sich theilende Kern innerhalb der

Zelle vom Mesoderm weiter absteht, als die ruhenden Kerne; wo mehrschichtige Zellenlagen fehlen, muss auf diese Art die einzelne Zelle die Leistung derselben übernehmen.

Es ist klar, dass eine Lösung dieser Frage nur durch ein näheres Eingehen auf die Stoffwechselvorgänge der Zelle selbst erreicht werden kann, und war es deshalb nöthig, über Bau und Funktion der Zelle grössere Klarheit zu schaffen. Die nachfolgenden Untersuchungen sollen diesen Zweck verfolgen. An Stelle der histologischen Abbildungen sind die Praeparate selbst beigegeben worden; die Art der Untersuchung derselben ist im IV. Kapitel beschrieben.

I. Die Chlorophyllkörner und ihre Bedeutung.

Unter allen Bestandtheilen der Zelle zeichnen sich die Chlorophyllkörner dadurch aus, dass sie die Fähigkeit haben, den Kohlenstoff zu assimiliren.

Wenn botanischerseits dieser Process durch die Formel $12 CO^2 + 10 H^2O = O^{24} + C^{12}H^{20}O^{10}$ ausgedrückt wird (Pfeffer), so ist damit nur die Bilanz des Stoffwechsels gegeben. Wollten wir jedoch jenen Vorgang zu erklären versuchen, so wird es nützlich sein, den Anschauungen v. Baeyr's zu folgen und von dem Hydrat der Kohlensäure auszugehen. Durch Abspaltung von 2 Atomen Sauerstoff wird CH^2O^3 zu CH^2O reducirt, durch synthetische Vergrösserung dieses Moleküls entsteht dann unter Wasserabgabe $\times . C^6H^{10}O^5$. Dem entsprechend finden wir die abgespaltenen zwei Atome Sauerstoff in der umgebenden Luft, die Stärke aber in den Chlorophyllkörnern vor.[1]

---

[1] Die jüngst erschienene Habilitationsschrift von Loew, worin derselbe eine Methode angiebt, CH^2O zu einem Zucker (Formose) zu condensiren, giebt hierfür einen sehr erwünschten Anhalt.

Es giebt kein schöneres Experiment in der ganzen Biologie, als zu sehen, wie unter dem Einfluss des Lichtes die chlorophyllhaltigen Pflanzenzellen nachweislich ebensoviel Sauerstoffblasen abscheiden, als sie an Volumen Kohlensäure verschwinden lassen, und zu sehen, wie dafür in den Chlorophyllkörnern die Stärke auftritt, deren mikrochemischer Nachweis wohl von allen Substanzen der Zelle am leichtesten und prägnantesten gelingt.

Jener Erklärungsversuch giebt uns die Möglichkeit, die Einzelheiten dieses Vorganges auch anderweitig in dem organischen Stoffwechsel wiederzufinden. Auch anderweitig beobachten wir Reductionen, und Synthesen unter Wasseraustritt gehören zu den verbreitetsten und wichtigsten Processen der Organismen.

Was aber jenen Process der Kohlenstoffassimilation besonders auszeichnet, das ist der Umstand, dass dabei Sauerstoff frei wird. Wie sollen eben dieselben Körper, welche, wie wir angenommen haben, durch Reduction den Sauerstoff der Kohlensäure entziehen, diesen selben Sauerstoff freilassen?

Glücklicherweise steht dieses unter den chemischen Beobachtungen nicht ohne Analogie da. Wenn man in eine klare Lösung des Chlorkalkes eine geringe Menge Kobaltoxyd bringt und dann erwärmt, so findet bekanntlich eine regelmässige Sauerstoffentwickelung statt, ohne dass das Oxyd verändert wird. In der Lösung finden wir an Stelle des unterchlorigsauren Kalkes Chlorcalcium vor. Dieselbe Wirkung wie das Kobaltoxyd haben auch die Oxyde des Eisens, Mangans, Nickels, Kupfers. Diese Wirkung soll darauf beruhen, dass sich unter Sauerstoffaufnahme höhere Oxyde bilden, gleichzeitig unter Sauerstoffabgabe das niedere Oxyd wieder hergestellt wird, und dass dieser Vorgang sich stetig wiederholt. Man hat deshalb diese Oxyde auch Sauerstoffträger genannt.

Die vorher aufgeworfene Frage, warum die Chlorophyllkörner und nun auch diese Oxyde den Sauerstoff einem mehr weniger schwer zersetzlichen Körper entziehen und ihn gleichzeitig in Freiheit setzen, wird durch diese Oxydversuche nicht beantwortet; wir haben jedoch den grossen Vortheil, in der anorganischen Chemie einen analogen Process zu besitzen und können es den Chemikern überlassen, ihn zu erklären. Es hat keine Schwierigkeit, in den Chlorophyllkörnern ähnliche leicht oxydable Substanzen anzunehmen, wie jene Oxyde es sind, und es finden sich keine Bedenken, die Chlorophyllkörner der Pflanzenzelle in ähnlichem Sinne als Sauerstoffträger zu bezeichnen, wie es bei jenen Oxyden geschehen ist.

In den Chlorophyllkörnern zeigt sich an Stelle der Wärme das Licht wirksam. Insbesondere durch die Spectralversuche Engelmann's ist die schon früher gehegte Vermuthung von einer Proportionalität zwischen Sauerstoffabgabe und Lichtabsorption im Chlorophyll wesentlich gestützt worden. Es scheint danach, als wäre es die Function des grünen Farbstoffes, die Bewegungen des absorbirten Lichtes für den Sauerstoffträger des Chlorophyllkorns zu fixiren. Die wirksame Substanz selbst können wir dagegen, wie es auch Pringsheim thut, als farblos annehmen.

Die Chlorophyllkörner bilden daher zwar eine besondere Art von Sauerstoffträgern, wohl aber nicht die Einzige innerhalb der Zellen. Ihre Absonderlichkeit besteht darin, dass sie unter Vermittelung ihres Pigmentes für die Erregungen des Lichtes zugänglich sind, ein Umstand, der sich sonst an der Zelle nur noch in wenigen vereinzelten Fällen wiederholt. Wir haben aber keinen Grund zu der Annahme, dass es nicht auch andere, farblose Sauerstoffträger giebt, die durch andere Agentien erregbar sind.

Warum soll nur die das Chorophyll führende Pflanzenzelle jene Eigenschaft der Sauerstoffabspaltung haben! Die einheitliche Auffassung des Zellenbegriffes hat sich bereits so oft bewährt, dass es schwer wird, auch in diesem hervorragenden Falle an eine prinzipielle Scheidung von Zellengruppen zu glauben. Dass wir im thierischen Organismus und bei den chlorophyllosen Mikroorganismen keinen Sauerstoff frei werden sehn, spricht noch nicht gegen die Existenz von Sauerstoffträgern; denn es ist sehr wohl verständlich, dass hier der frei werdende Sauerstoff sofort zur Oxydation anderer Substanzen verwendet wird. —

An jenen Oxydversuchen haben wir die Wärme als das erregende Agens gefunden. Es ist hier sehr bezeichnend, dass viele, wohl die meisten organischen Vorgänge ihr Optimum der Temperatur haben, dass die Lebenstemperatur der Warmblüter innerhalb so enger constanter Grenzen liegt etc. Im thierischen Organismus tritt noch ein drittes Imponderabile hinzu, welches vielleicht vicariirend einzugreifen vermag, die Nervenbewegung. Nicht nur für die animalen, sondern auch für manche vegetativen Vorgänge ist die Abhängigkeit von derselben eine Thatsache.

Wir haben das allerdringendste Bedürfniss eine wirksame Ursache für die merkwürdigen Stoffwechselvorgänge der Organismen zu finden, und es scheint, als wenn der Begriff eines Sauerstoffträgers den Anforderungen, welche man hier billigerweise stellen kann, einigermassen entspricht. Liesse sich in den Zellen auch die Thätigkeit von farblosen Sauerstoffträgern nachweisen, so wäre damit jener wirksame Faktor gefunden, mit dessen Hilfe nicht nur die Spaltungen, sondern auch die Synthesen erklärlich wären. Dieser Nachweis würde die Identität von Sauerstoffträgern und Fermenten in sich schliessen, das Gebiet der Fermentwirkungen wesentlich erweitern, und die Mystik der sogenannten katalytischen Vorgänge auf ein einfacheres Mass zurückführen.

Wir kennen bisher vorzugsweise die Wirkungen der gelösten Fermente, da deren Beobachtung auch ausserhalb des Organismus leicht gelingt. Von ihnen hat man bereits angenommen, dass sie ihre Thätigkeit durch Sauerstoffübertragung ausführen. Man hatte alles Recht dazu, denn auch für gelöste Substrate finden sich in den chemischen Vorgängen Analogieen; wenn, wie angegeben wird, 1 Theil Vanadium in Form des Ammonsalzes 200 000 Theile Anilinchlorhydrat bei Gegenwart von chlorsaurem Kali zu oxydiren vermag, so ist dieses eine Leistung, welche unseren Fermentwirkungen an Ausgiebigkeit nicht nachsteht. Von dem Vorhandensein und den Wirkungen geformter Fermente hatte man jedoch bisher nur sehr beschränkte Vorstellungen, die sich auf einzelne Leistungen der Mikroorganismen bezogen. Wir werden nach dem Beispiel der Chlorophyllkörner und jener Metalloxyde Veranlassung haben, analog wirkende Elemente in allen Organismen zu suchen.

Das lebende Protoplasma zeigt uns seine Wirksamkeit innerhalb drei grosser Formengruppen: in den Mikroorganismen, den Pflanzenzellen und den thierischen Zellen. Diese Gruppen mögen noch so grosse Verschiedenheiten zeigen, in der Grundlage ihrer Thätigkeit dürften sie wohl übereinstimmen. Wenn uns die Gährungserreger bisher die spaltende Wirkung geformter Substrate, die Chlorophyllkörner aber die synthetische gezeigt haben, so ergeben erst beide Fähigheiten zusammen den Vollbegriff des geformten Fermentes; diesen auf alle Gruppen des lebenden Protoplasmas zu übertragen, soll das Ziel unserer Bestrebungen sein.

Ludwig sagte einmal, es dürfte leicht dahin kommen, dass die physiologische Chemie ein Theil der katalytischen würde. Die Möglichkeit hierfür scheint in dem Begriff der Sauerstoffträger gegeben zu sein, und Liebig würde seine energische Opposition gegen katalytische Vorgänge überhaupt vielleicht gemildert haben, wenn er die Fähigkeiten jener in Betracht genommen hätte.

Wenn Hoppe-Seyler meint, dass die Vorgänge bei den niedersten Organismen für uns ein Vorbild abgeben für das Verständniss der Vorgänge bei den höheren, so werden wir ihm darin, wie in so vielem andern, gerne folgen; wenn er aber den bei manchen Gährungen frei auftretenden Wasserstoff als die Grundursache dieser Vorgänge ansieht, so scheint dadurch die Frage nur verschoben, nicht ihrer Lösung näher gebracht zu sein. Wie soll Wasserstoff frei werden, wenn nicht durch solche Agentien, wie es die Sauerstoffträger sind? der nascirende Wasserstoff mag also alle Eigenschaften haben, welche Hoppe ihm beilegt, die primäre Ursache der Stoffwechselvorgänge kann er nicht sein, denn er bedarf selbst einer solchen Ursache zu seiner Entstehung. Und wenn wir die Sauerstoffträger hier als das Primäre voranzustellen berechtigt sind, so bedürfen wir des nascirenden Wasserstoffs überhaupt nicht mehr.

Man findet in dem organischen Stoffwechsel zwei Thatsachen, die sich einander gegenüberstehen. Die eine ist der freie Sauerstoff, welcher von den grünen Pflanzentheilen unter dem Einfluss des Lichtes abgeschieden wird, die andere ist der freie Wasserstoff, welcher bei manchen Gährungen vorkommt. Beide Agentien, sowohl der frei werdende Sauerstoff, als auch der frei werdende Wasserstoff, sind wohl geeignet, uns über die Schwierigkeiten des organischen Stoffwechsels hinwegzuhelfen. Wenn Hoppe einen plausiblen Modus anzugeben vermag, wie der Wasserstoff innerhalb des organischen Stoffwechsels durch seine eigenen chemischen Attractionen frei werden kann, so werden wir jene beiden Thatsachen als gleichberechtigt anzuerkennen genöthigt sein; so lange aber dieses nicht der Fall ist, müssen wir die Wirkungen der Sauerstoffträger als primäre Ursache des organischen Stoffwechsels voranstellen.

Die verwandschaftlichen Beziehungen, welche der Wasserstoff zu andern Körpern zeigt, beziehen sich nur auf eine geringe Zahl der Letzteren, welche meist in den Organismen vermisst werden. Vergleicht man demgegenüber die Chancen, welche sich mit dem Begriff der Sauerstoffträger verknüpfen, so dürfte dieser Vergleich wohl zu Gunsten der Letzteren ausfallen. Die wechselnden Beziehungen, welche zwischen den

Leistungen der niederen Organismen und der Regulirung des Sauerstoffzutritts bestehen, und die nach Hoppe mit eine Stütze seiner Theorie sein sollen, lassen sich weit einfacher auf die Wirkungen von Sauerstoffträgern zurückführen. Angesichts jener prägnanten Erscheinungen, welche fast die gesammte Pflanzenwelt in der Thätigkeit ihrer Chlorophyllkörner uns darbietet, ist es schwer sich des Eindrucks zu erwehren, dass wir es hier mit einem, wenn auch an sich eigenartigen Prototyp organischer Vorgänge überhaupt zu thun haben. Es scheint danach, als wenn gewissen Formbestandtheilen der Zelle auch bestimmte Functionen zukommen; das Studium dieser Formbestandtheile wird daher zunächst für uns von besonderem Interesse sein.

II. Die Bestandtheile der Zelle.

Man unterscheidet in der Zelle geformte und ungeformte Bestandtheile. Diese Unterscheidung ist so alt, als die Zellenlehre selbst ist, und jede Entdeckung eines neuen Formelementes innerhalb der Zelle diente nur dazu, diesen Gegensatz zu verschärfen. Der Kern, die Pigmentkörner, die Chlorophyllkörner sind wohl die ersten Zellenbestandtheile, die ihrer prägnanten Erscheinung wegen als geformte bekannt waren. Dann wurde die Fibrille entdekt. Zuerst lernte man sie an den gestreiften Muskelfasern kennen, aber man wusste nicht recht, ob man sie nicht für ein Specificum derselben halten sollte, und ob man ihr in derselben den Vorrang einräumen sollte gegenüber den durch Maceration darstellbaren Discs; man wusste auch nicht recht, wie man die Eigenthümlichkeiten der Muskelfaser mit dem Begriff der Zelle in Einklang bringen sollte. Dann demonstrirte Max Schultze den fibrillären Bau der Ganglienzelle und des Axencylinders. Was von nun an für die weitere Kenntniss dieser fibrillären Structur gethan wurde, ist historisch schwer zu übersehen; es scheint, als wenn man sehr vielseitig auf einen fibrillären Bau der Zelle gestossen ist: die radiäre Structur der Eizellen und der Zellen des Rete Malpighii, der gestreifte Bau mancher Drüsenzellen sind Beispiele dafür. Dann hat Kupfer, indem er an die in der Leberzelle vorhandenen Fibrillen anknüpfte, und sie in eleganter Weise anschaulich machte, sich veranlasst gesehen, die geformten Bestandtheile des Zellenleibes als Protoplasma den gelösten Bestandtheilen als Paraplasma gegenüberzustellen, und Flemming konnte, indem er die weite Verbreitung der fibrillären Structur der Zelle hervorhob, von einem Filarplasma der Zelle im Allgemeinen sprechen.

In der That gelingt es mit Hilfe relativ einfacher Methoden, fast überall in den Zellen eine fibrilläre Structur sichtbar zu machen, und es fragt sich, ob wir nicht in jener excessiven Ausbildung, welche die Zellfibrille innerhalb der gestreiften Muskelfaser erfahren hat, ein typisches Vorbild für den Bau aller Zellfibrillen erkennen sollen, ein Bau, der in den anderen Zellen vielleicht nur durch die ausserordentliche Feinheit und durch die Ungunst anderer Umstände verdeckt wird. Das weitverbreitete Interesse für die Muskelfaser und die Muskelfibrille beruht nicht am Wenigsten wohl auf der Hoffnung, hier dem Bau des lebenden Protoplasma überhaupt in bequemer Weise näher zu kommen. Es lässt sich ausserdem wahrscheinlich machen, dass die Fibrillen der Muskelfasern direkt aus den feinen Fibrillen der ursprünglichen embryonalen Zellen hervorgehen. Die geringe Ausbildung der Doppelbrechung in den andern Zellen gegenüber der prägnanten Ausbildung in den Muskelfasern weist zwar auf erhebliche Differenzen hin, schliesst aber das Vorhandensein analoger Fibrillen in den andern Zellen nicht aus.

Gleichzeitig aber machte sich noch eine andere Structur des Zellenleibes geltend, nämlich das Vorhandensein von Körnern innerhalb desselben. Die Botaniker haben schon frühzeitig das Polioplasma von dem Hyaloplasma unterschieden (Naegeli), auch abgesehen von den so grossen und auffallenden Chlorophyllkörnern der Pflanzen. Im thierischen Organismus waren die dunklen Körner der Pigmentzellen eine auffallende, wenn auch nicht genug gewürdigte Erscheinung. Waldeyer lehrte eine besondere Gattung von Bindegewebszellen kennen, die er Plasmazellen nannte, und die durch die Gegenwart grober Granulationen ausgezeichnet waren, und Ehrlich hat sowohl diese, wie auch ähnliche Granulationen in den Leukocyten durch specifische Färbungen differenzirt. Die Körner der Pancreaszellen wurden bekannt und berühmt durch ihre Beziehungen, die sie besonders nach den Untersuchen Heidenhain's zu den gelösten Secreten des Pancreas haben, und Ogata vermochte diese Körner beim Pancreas des Frosches zu färben. Nussbaum gelang es mit Hülfe der Osmiumsäure ähnliche Körner bei einzelnen Thiergattungen auch in anderen vereinzelten Fällen an Fermentzellen sichtbar zu machen.

Neben diesen, wenn auch vereinzelten, so doch positiven Errungenschaften, machten sich in derselben Richtung noch andere unklarere Vorstellungen geltend. Indem man die Beobachtungen an frischen und geronnenen Protoplasmen nicht genügend trennte, kam man dazu, ohne genügendes Beweismaterial von einer Körnchenstructur des Protoplasma zu sprechen, ebenso wie andere (Heitzmann) auf Grund desselben Beobachtungsfehler eine Netzstructur des Protoplasmas als allgemein vorhanden behaupteten.

Gegenüber jenen, wenn auch vereinzelten, so doch positiven Beobachtungen über eine Körnerstructur des Protoplasmas schien es gerechtfertigt die Frage aufzuwerfen, ob derselben nicht doch eine weitere Verbreitung zukomme.

Es zeigte sich nun, dass nur gewisse Schwierigkeiten der Methode zu überwinden sind, um in fast allen Zellengattungen echte Granula innerhalb des Zellenleibes nachzuweisen und dieselben gegenüber den Fibrillen mit Hülfe characteristischer Reactionen und specifischer Färbungen rein zu differenziren. Es zeigte sich ferner, dass alle diese Granula zunächst durch die gleichen Reactionen dargestellt werden können, ein Umstand, welcher für gemeinsame Charactere derselben spricht.

Neben dieser Uebereinstimmung der Reaction finden sich jedoch auch Unterschiede derselben. Es wird uns dies nicht wundern, wenn wir bedenken, dass auch anderweitig Aehnliches vorkommt. Die Kerne der Zellen haben bekanntlich gemeinsame Reactionen, durch welche sie alle darstellbar sind. Es ist aber nicht schwierig, sowohl bei den verschiedenen Organen, wie bei den verschiedenen Thiergattungen Reactionen zu finden, welche bei der einen Kerngattung wirksam sind, bei der andern nicht. So lassen sich die Kerne der Sehzellen gegenüber den andern Kernen der Retina differenziren (Rudloff); nach Weigert besitzen die Kerne der Leberzellen ein anderes Färbungsvermögen, als andere; die Kerne der Leukocyten und Wanderzellen von andern durch Färbung zu trennen, gehört nicht gerade zu den schwierigen Aufgaben der Färbetechnik; manche Kernreactionen sind bei Warm- und Kaltblütern so verschieden, dass man vermuthen möchte, es hier mit ganz verschiedenen Substanzen zu thun zu haben, wenn es nicht auch gemeinsame Reactionen gäbe, und wenn nicht die übereinstimmende Individualität des Kernes für alle Zellen uns so geläufig wäre. Auch bei der Darstellung der Spaltpilze finden wir ähnliche Verhältnisse vor.

Es war daher für uns vor allem wichtig, gemeinschaftliche Reactionen der Zellengranula zu finden. Die Schwierigkeiten hierbei liegen zum Theil in den eingenthümlichen Löslichkeitsverhältnissen derselben, zum Theil in ihrer variablen Grösse. Es giebt Zellengranula, die in ihrer Grösse bis an die Grenze des mit unsern heutigen Mikroskopen Erreichbaren herabgehe, und wiederum solche, die wie die Granula des Pancreas und der Leber oft eine beträchtliche Grösse erreichen; ja wir werden sogar excessive Grössenverhältnisse kennen lernen, und wenn uns andererseits gelegentlich Fälle aufstossen sollten, wo die Granula nicht vorhanden zu sein scheinen, so werden uus ihre gemeinschaftlichen specifischen Reactionen als Anhalt dafür dienen, ob wir auch da ihre durch ihre Kleinheit verdeckte Gegenwart vermuthen dürfen.

Die Granula sind in der Zelle in grosser Zahl vorhanden. Die Form derselben erscheint gewöhnlich rund; in einzelnen Fällen finden sich auch längliche Formen vor, in andern vereinzelten sogar sehr characteristische Umrisse.

Die meisten Granula sind farblos, andere, wie die Chlorophyllkörner und die Pigmentkörner sind gefärbt.

Die Zellengranula vermögen zu wachsen. Es lässt sich nachweisen, dass innerhalb derselben Zellen aus kleinen Formen grössere entstehen.

Die Zellengranula vermögen ferner sich durch Theilung zu vermehren. Ob dieses der einzige Modus ihrer Entstehung ist, muss vorläufig dahingestellt bleiben; doch ist es nicht unmöglich, dass der nach bekannten Analogien formirte Satz omne granulum e granulo Bedeutung gewinnt.

Die Granula vermögen durch Auflösung zu Grunde zu gehn; es scheint dieses vorzugweise in denjenigen Drüsen zu geschehen, welche ein gelöstes Ferment zu liefern haben. Der Ersatz der durch Auflösung zu Grunde gegangenen geschieht durch das Wachsthum und die Vermehrung restirender kleiner Formen. In solchen Organen ist die Erscheinungsart der Granula sehr variabel, in andern, wie in der Leber, ist sie constanter.

Die Zellengranula sind unbekleidet und vermögen nur in der Zelle selbst zu leben; sobald die Zelle zerstört ist, sterben sie ab und vermehren sich nicht mehr.

Sie zeigen in der Zelle Bewegungen; ob dieses Eigenbewegungen sind oder ob hier anderweitige Einflüsse wirken, ist vorläufig unklar. Prägnante Beispiele dieser Bewegungen gaben die Pigmentkörner des Retinaepithels und der Chromatophoren in der Haut mancher Kaltblüter.

Es giebt entartete und excessive Formen der Zellengranula. Bei der Verhornung der Zellen nehmen auch sie andere Eigenschaften an und sind die Granula hier von Ranvier und Waldeyer als Eleidinkörner beschrieben. In den Pflanzenzellen bilden die Chlorophyllkörner ein solche excessive Form. In den Eizellen aber überschreiten die Excesse der Zellengranula oft alles

Maass, und alle diejenigen Differenzen, die sich in dem Dotter der verschiedenen Eier, von den rein holoblastischen bis zu den rein meroblastischen bemerbar machen, beruhen insbesondere auf dem Wachsthum und den Umwandlungen der früheren einfachen Zellengranula. So gehen aus ihnen die Dotterplättchen der Amphibien und Fische, die Dotterkugeln des Hühnereies hervor. Es ist nicht nöthig, dass sie bei dem embryonalen Stoffwelchsel zu Grunde gehen, sondern sie vermögen sich auch hier zu theilen, als einfache Körner in die embryonalen Zellen einzutreten und hier weiter zu leben.

Die sichtbaren Erscheinungen bei der Theilung der Zellengranula bestehen entweder in einer einfachen Abschnürung, oder in einem endogenen Zerfall multipler Art, oder in typischen Theilungsbildern. Für die erstere bieten wiederum die Chlorophyllkörner ein gutes und bekanntes Vorbild; die zweite Art ist in den Dotterkugeln des Hühnereies vertreten und typische Theilungsbilder finden wir z. B. bei den Dotterplättchen des Frosches. Bei Froschembryonen von 4—6 mm Länge findet man besonders im hinteren Theile des Dottersackes viele in der ersten Theilung begriffene Plättchen, welche durch eine äquatoriale Linie in zwei gleiche Hälften getheilt werden und an ihren Polen Andeutungen einer Spindelfigur zeigen.

Eine andere Art der Entartung ist es, wenn die Zellengranula andere Stoffe durch Assimilation in sich aufnehmen, um sie dem Stoffwechsel wieder in gelöster Form zurückzugeben. Sie können hierbei an Grösse zunehmen und auf ihre ursprüngliche Grösse zurückkehren ohne Theilung. Ein Beispinl hierfür bietet die Aufnahme und Abgabe der Stärke in den Chlorophyllkörnern. Aehnliche Vorgänge lassen sich auch in den anderen Granulis mit dem Mikroskop verfolgen; sie werden für uns die Handhabe sein, an welcher wir nicht nur den Formerscheinungen, sondern auch den Functionen der Zellengranula näher zu treten suchen werden. Nach dem Vorbilde der Chlorophyllkörner werden wir es versuchen, in ihnen jene Ozonophoren des organischen Stoffwechsels zu erkennen, welche befähigt sind, die so merkwürdigen Processe desselben zu beherrschen.

Die Granula der Zelle bieten in ihren Eigenschaften einen Gegensatz zu den Zellfibrillen dar. Dieses bezieht sich auf ihre Formen, ihre Reactionen und wahrscheinlich auch auf ihre Functionen. Wir haben allen Grund anzunehmen, dass die Contraction der Muskelfaser auf der Verkürzung ihrer Fibrille beruht, dass ferner die Leitung in den Nervenfasern dem Laufe der Fibrille entlang geht, dass also die animalen Functionen der Zelle sich mit den Zellfibrillen verknüpfen. Andrerseits lassen sich manche Beobachtungen dafür anstellen, dass die vegetativen Functionen der Zelle ihren eigentlichen Sitz in den Granulis haben; dass, wie wir später ausführlicher erörtern werden, in ihnen die Synthesen ablaufen, die zum Aufbau der Organismen führen, die Spaltungen aber wenigstens unter ihrem direkten oder indirecten Einfluss stehn.

Die Frage, ob sowohl Zellfibrillen, wie auch Zellengranula gleichzeitig allen Zellen zukommen, lässt sich vor der Hand nicht beantworten; dagegen lässt sich die weiteste Verbreitung beider Elemente in den Zellen nachweisen. Je nachdem eine Zellengattung mehr animale oder mehr vegetative Functionen zu erfüllen hat, finden wir auch das eine oder das andere Element mehr vertreten. Das Darmepithel, die Leber, die Nieren, alle embryonalen Zellen etc. finden wir in reichem Maasse mit Granulis versehen, die besonders in der Leber bei manchen Thiergattungen eine erhebliche Grösse erreichen können. In der Muskelfaser lässt sich mit denselben Reactionen dieselbe Substanz differenziren, zwar immer noch reichlich, aber im Verhältniss zu der Masse der Fibrillen doch schon spärlicher, und ähnliches gilt für die Nervenfaser. Es ist mir nach meinen heutigen Erfahrungen nicht mehr zweifelhaft, dass jene so äusserst feinkörnigen Fädchen, welche Kupfer im Axencylinder gefärbt hat, nicht den animalen Fibrillen desselben entsprechen, sondern den Granulis, die zwischen jenen Fibrillen aufgereiht die Form von Fädchen annehmen müssen, eine vergleichende Untersuchung der Ganglienzellen selbst giebt hierfür den näheren Anhalt.

Es hat auch schon früher nicht an Versuchen gefehlt, die Körnchen der Zelle für die vegetativen Processe in Anspruch zu nehmen, und zwar ist dieses in sehr origineller Weise von den Herren Béchamps Vater und Sohn geschehn. Im Laufe der letzten 20 Jahre haben dieselben eine sehr umfangreiche Literatur geschaffen, nach welcher das Protoplasma der Zellen aus Körnchen zusammengesetzt sein soll, welche ausserhalb der Zellen zu Vibrionen werden, und worin sie umgekehrt behaupten, dass die Zellen aus dem Zusammentreten von Vibrionenhaufen hervorgehn. Dass diese Bemühungen sich auch bis in die neueste Zeit erstrecken, erscheint neben dem Material der modernen Zellenlehre und neben den Arbeiten Pasteur's und Koch's ein wenig gewagt, und findet auch in den von den Herren Béchamps angewendeten Untersuchungsmethoden keine genügende Motivirung. Dieselben pflegen nämlich Organe auf verschiedene Art auszuschlemmen; sie finden dann in dem zurückbleibenden Detritus Körnchen, welche sie dann als in den Zellen präformirt annehmen, und finden, dass dieselben sowohl hydrolytische, wie auch stark giftige Eigenschaften entwickeln und sich dann auch in Vibrionen umbilden können. Auch durch Mumification haben sie diese

Körnchen dargestellt, indem sie eine Katze in kohlensauren Kalk vergruben; nach Jahren ist dann die Katze fort, die Mikrozymas aber sind an ihrer Stelle.

Es ist möglich, dass diese Versuche einst die Lehre von den Ptomainen irgend wie bereichern werden; die Biologie der Zelle und des Stoffwechsels zu fördern, dürften sie kaum geeignet sein; dazu sind die angewendeten Methoden zu wenig Vertrauen erweckend.

Immerhin mögen sich bei einem genaueren Studium Analogien zwischen den Granulis der Zelle und den niedersten Organismen vorfinden. Eine Bacterie ist trotz der Anschauungen der Botaniker keine Zelle, dazu fehlen ihr alle Charaktere, und ein Werthvergleich wird sie uns viel eher mit einem Granulum auf gleiche Rangstufe setzen; andrerseits ersehen wir aus den geschilderten Eigenschaften der Granula, dass diesen eine hervorragende individuelle Vitalität zukommt; aber, wie schon oben gesagt, das Granulum ist nackt und vermag nur in der Zelle zu leben, die Vibrionen aber sind bekleidet und leben in den verschiedensten Medien selbstständig fort. Beide mögen sie als Ozonophoren wirken und thätig sein. —

Vielleicht werden die Analogien, welche zwischen den niedersten Organismen und den Granulis der hoch entwickelten Zellen bestehen, einst dazu beitragen, die Uebergänge für eine Ontogenie der Zelle finden zu lassen, eine Identität jener beiden Indivuen anzunehmen, ist dagegen nicht gerechtfertigt.

Welche Rolle bei einer solchen Ontogenie dem Zellkern und seinem Inhalt zukommen wird, das lässt sich im Voraus nicht sagen. Es scheint, als müsse erst die Naturgeschichte der Granula fester begründet sein, ehe man dazu gelangen kann, die Bedeutung des Kernes für die Zelle zu verstehn. —

III. Die Functionen der Granula.

Wir können die Vorgänge, welche innerhalb der Organismen sich abspielen, in Synthesen und Spaltungen eintheilen. Die Synthesen bestehen in einer Vergrösserung des Moleküls und führen zu dem Aufbau der organisirten Bestandtheile selbst, die Spaltungen aber liefern durch Verkleinerung des Moleküls in ihrem endgiltigen Resultat die Auswurfstoffe des Körpers. Es erscheint nützlich, dieses zu betonen, denn wenn wir z. B. bei der Umwandlung von Zucker in Glycogen es mit einer Abspaltung der Elemente des Wassers und gleichzeitig mit einer Vergrösserung des Moleküls zu thun haben, so fassen wir diesen Vorgang trotz jener Abspaltung doch als Synthese auf; umgekehrt aber bringt das Hinzutreten der Elemente des Wassers Spaltungen hervor. In gleichem Sinne wie Anhydridbildung und Hydration scheinen auch Reduction und Oxydation zu wirken. Es ist hier bezeichnend, dass bei der Assimilation der Stärke im Chlorophyllkorn Reduction und Anhydridbildung nebeneinander verlaufen, beide nach der gleichen Richtung wirken und zur Vergrösserung des Moleküls führen. Aehnliches finden wir auch im thierischen Organismus, und was die Oxydationen betrifft, so sehen wir, dass die ganze Reihe derselben, wie wir sie im Körper kennen oder als vorhanden annehmen müssen, mit den kleinen Molekülen der Kohlensäure und des Wassers abschliesst. Es spricht manches dafür, dass Anhydridbildung und Reduction einerseits, andrerseits Hydration und Oxydation nur verschiedene Namen für dieselben Processe sind, bei denen die Wasserstoffatome nur eine begleitende, übrigens passive Rolle zu spielen haben, ähnlich wie dieses auch für die Kohlenstoffatome gilt. Wir haben daher einiges Recht, von Reductionen und Oxydationen im weiteren Sinne zu sprechen, die ersteren als die Ursache der Synthesen, die zweiten als die Ursache der Spaltungen, beide aber als die Ursachen aller Umsetzungen im Organismus anzusehen und ihnen alle Vorgänge des organischen Stoffwechsels unterzuordnen.

Wenn allerdings, wie bei der alkoholischen Gährung, Zucker $C^6H^{12}O^6$ in Kohlensäure $2 . CO^2$ und Alkohol $2 . C^2H^6O$ gespalten wird, so scheint hier weder eine Hydration, noch eine Oxydation mitgewirkt zu haben, sondern es scheint eine einfache Zerschneidung des Moleküls vorzuliegen; doch werden wir uns wohl hüten, solche scheinbare Einfachheit des Vorganges als wirklich vorhanden anzunehmen; sie enthält gewiss Complicationen, die wir heute noch nicht übersehen, und welche sich später wohl auch auf einen Oxydationsvorgang werden zurückführen lassen. Eine Andeutung dafür findet sich in einem Versuch von Traube, welcher mit Hilfe von Platinmoor und einer Temperatur von 150°—160° Zucker gespalten hat, und in einem zweiten von Berthelot welcher mit Hilfe von Wechselströmen eine geringe Menge Alcohol aus Zuckerlösung erzeugte.

Welches sind denn aber die Kräfte, welche innerhalb der Organismen Reductionen und Oxydationen hervorrufen. Nach reducirenden und oxydirenden Substanzen zu suchen, wäre deshalb vergebene Mühe, weil, wenn auch deren Gegenwart nachgewiesen wird, dann noch die Ursache der steten Erneuerung nachgewiesen werden müsste. Wenn daher auch Loew das lebende Protoplasma einem Aldehyd vergleicht, so ist damit jener Uebelstand noch nicht gehoben. Ueberhaupt den mystischen Begriff des lebenden Protoplasmas für Alles verantwortlich zu machen, das vermag uns wenig zu fördern.

Wir waren daher genöthigt, nach geeigneten Analogien zu suchen, welche eine Activirung des Sauerstoffes erklärlich machten, ohne einen Verbrauch der Kräfte in sich zu schliessen. Das Haemoglobin ist für diesen Zweck nicht brauchbar, denn es trägt den Sauerstoff in zu lockerer Verbindung, als dass es eine Aktivirung veranlassen könnte. Solche Analogien sind unter den bekannten Erscheinungen nirgend anders zu finden, als in dem Begriff der Sauerstoffträger, wie er durch jene Metalloxyde repräsentirt wird; die Chlorophyllkörner aber zeigten uns in ihrer Thätigkeit eine merkwürdige Uebereinstimmung mit denselben und vermittelten so die Anschauung, dass auch die farblosen Granula ähnliche Eigenschaften haben möchten. Der vielseitige Nachweis der letzteren und ihre oben erwähnten Lebenserscheinungen trugen nicht wenig dazu bei, uns in dieser Anschauung zu bestärken.

Vielleicht wird es nützlich sein, bevor wir in specielle Erörterungen eintreten, zunächst ein paar allgemeinere Gesichtspunkte hervorzuheben.

Die gelösten Fermente, deren Wirkung wir in reinen Lösungen isolirt von geformten Individuen beobachten können, sind uns die Zeugen von denjenigen Kräften, welche im Organismus thätig sind; ob sie aber selbst im lebenden Körper wirken und präexistiren, ist fraglich.

Wir sehen bei den Thieren die gelösten Fermente intra vitam als Secrete auftreten, um vorzugsweise im Verdauungstractus zu wirken, dann aber können wir sie auch nach dem Tode aus fast allen Theilen des Körpers extrahiren, und sind die Angaben über ein solches verbreitetes Vorkommen sehr zahlreich. Solche Extractionen gelingen auch gegenüber Pflanzen und Mikroorganismen, und von den Letzteren scheiden einzelne auch intra vitam ein gelöstes Ferment aus, welches sie an ihre Umgebung abgeben.

Es fragt sich nun, ob wir genöthigt sind, daraus auf eine Präexistenz der löslichen Fermente im Organismus zu schliessen, oder ob wir Gründe haben, dieselbe abzulehnen. Hier ist es zunächst verdächtig, dass wir die gelösten Fermente als Eliminationsproducte vorfinden. Es ist eine der bestgekannten Eigenschaften der Zelle, dass sie intra vitam ein durchgreifendes Wahlvermögen sowohl gegenüber den aufzunehmenden, wie gegenüber den auszustossenden Stoffen besitzt. Nach beiden Richtungen hin sind die Beobachtungen zahlreich und bestimmter Natur. Wenn also die gelösten Fermente, wie in den bekannten Fällen, intra vitam zu den Auswurfstoffen der Zelle gehören, so können wir mit einiger Wahrscheinlichkeit annehmen, dass dieses nicht nur im beschränkten, sondern im totalen Umfange gilt.

Wenn ferner die am besten studirte Fermentdrüse, das Pancreas, sobald man es im lebensfrischen Zustande zur Extraction bringt, kein lösliches Ferment besitzt, sondern nur eine Vorstufe desselben, das Zymogen abgiebt, welches erst auf Grund bestimmter Einwirkungen hyrolytische Eigenschaften erhält, so wäre es immerhin möglich, dass es auch in den andern Fällen, wo Extractionen gelöster Fermente vorgenommen sind, mit Hilfe geeigneter Cautelen gelingt, ähnliches nachzuweisen. Es wird in manchen Fällen schwierig sein, die postmortale Bildung eines löslichen Fermentes zu hindern, andrerseits ist aber noch nirgends der Beweis von einer Präexistenz erbracht werden.

Es fragt sich jedoch, ob nicht die Vorgänge in den lebenden Individuen selbst für die Gegenwart gelöster Fermente sprechen, und ob diese nicht nothwendig sind, um die im Organismus ablaufenden Spaltungen in ähnlicher Weise einzuleiten, wie sie es ausserhalb des Organismus vermögen, ob diese Uebereinstimmung in der Wirkung nicht auch auf die gleiche Ursache zurückzuführen ist. Die Nothwendigkeit für eine solche Annahme liegt nicht vor; es laufen im Organismus viele Processe ab, die nicht von gelösten Fermenten abhängen, und dieselben Kräfte, welche diese Processe hervorrufen, sind reichlich im Stande auch solche Spaltungen auszuführen, wie wir sie von Seiten der gelösten Fermente kennen. Die Annahme von gelösten Fermenten innerhalb lebender Individuen ist daher mindestens entbehrlich, auch abgesehen von den Unzuträglichkeiten, die ihre Gegenwart daselbst oft haben müsste. Die gelösten Fermente sind wohl weiter nichts, als die Absterbeproducte, die schwächlichen Abkömmlinge jener Kräfte, wie sie im Organismus selbst wirken, und wir werden erst lernen die ersteren verstehn, wenn es gelungen sein wird, die letzteren klar zu definiren.

Betrachten wir die Vorgänge des Stoffwechsels, wie sie sich an die Gegenwart lebender organisirter

Gebilde anschliessen, so haben wir es hier vor allem mit Synthesen zu thun.

Sind die Nahrungsstoffe im Darmlumen gespalten, so werden sie bei ihrem Eintritt in den Organismus zu Anhydriden assimilirt, um dann erst der Oxydation und Spaltung anheimzufallen. Noch deutlicher sehen wir dieses bei den Mikroorganismen; in ihrer Umgebung erregen sie Spaltungen, in sich selbst aber häufen sie solche Stoffe an, die nothwendigerweise aus Synthesen hervorgegangen sein müssen; es scheint eine für den organischen Stoffwechsel allgemein giltige Regel zu sein, dass Vergrösserungen des Moleküls sich an geformte Substrate, Verkleinerungen aber an gelöste anschliessen, und dass der Uebertritt einer Substanz aus einem gelösten Substrat in das geformte gleichbedeutend ist mit einer Synthese, und umgekehrt mit einer Spaltung.

Man hat es bisher noch nicht erreicht, Synthesen mit Hilfe eines gelösten Fermentes auszuführen, wohl aber ist dieses wiederholt mit Hilfe geformter Substrate gelungen. So hat Hofmeister mit Hilfe frischer ausgeschnittener Darmschleimhaut Pepton in Eiweiss verwandelt, Pavy auf dieselbe Weise das Molekül des Zuckers vergrössert, Ewald durch das gleiche Hilfsmittel Fettsäuren und Glycerin zu neutralen Fetten verbunden, und wenn Schmiedeberg die Hippursäure spalten wollte, so gelang ihm dieses wohl mit Hilfe seines gelösten Histocyms, wollte er sie aber aus ihren Componenten zusammensetzen, so musste er die letzteren durch das Gewebe der Niere selbst leiten.

Die geformten Elemente scheinen also für die Synthesen nothwendig zu sein, wie aber steht es mit den Spaltungen? Wenn die Mikroorganismen ihre Einwirkungen auf das umgebende Medium ausführen, so geschieht dieses in einzelnen seltenen Fällen durch Ausscheidung eines gelösten Fermentes. So scheidet der Bierhefepilz ein Ferment aus, welches Rohrzucker invertirt, Bacillus Amylobacter ein solches, welches Cellulose spaltet etc. In den meisten Fällen jedoch, so bei allen echten Gährungen, gelingt es nicht, eine spaltende Wirkung ohne die Gegenwart geformter Individuen zu erzielen; dieselben müssen also hierbei eine directe Wirkung haben. Es spricht Manches dafür, dass nicht nur alle Synthesen, sondern auch die meisten Spaltungen von der directen Wirkung geformter Elemente abhängen, und die wenigen Spaltungen, welche sich auch mit Hilfe gelöster Substrate ausführen lassen, haben nicht soviel Abweichendes, dass man sie nicht auch den geformten Elementen zumuthen dürfte.

Die Kräfte, über welche die geformten Elemente verfügen, sind augenscheinlich weit energischer, als diejenigen der gelösten Fermente. Applicirt man einem lebenden Organismus eine Substanz, die durch ihn angreifbar ist, so geschehen die Umsetzungen hier meist weit schneller, als wir es bei den gelösten Fermenten sehn. Diese Umsetzungen sind auch, wo ein Vergleich zulässig ist, meist weiter gehende; die Fäulnissbacterien erzeugen Indol mit Leichtigkeit, das gelöste Pancreasferment in reiner Wirkung nicht. Ebenso sind diese Umsetzungen meist anders geartet, als die durch gelöste Fermente hervorgerufenen; die Eiweissspaltungen durch das gelöste Pancreasferment sind andere, als diejenigen, welche im Organismus schliesslich Harnstoff, Kohlensäure und Wasser liefern. Wir erkennen daraus nicht nur die Superiorität der geformten Substrate, sondern auch die Eigenart ihrer Wirkung gegenüber den gelösten Fermenten, und da diese Eigenart sich nicht nur in den Synthesen, sondern auch in ihren Spaltungen überall zeigt, so haben wir allen Grund, die Wirkungen gelöster Fermente innerhalb des Organismus selbst auszuschliessen. Diese Eigenart documentirt sich gegenüber den gelösten Fermenten noch insbesondere durch eine übereinstimmende Empfindlichkeit gegen manche Gifte. Da ferner nach den Beobachtungen am Pancreas eine Abstammung des wirksamen Secretes von einem Bestandtheil der Körner wahrscheinlich geworden ist, so haben wir ein Recht, die gelösten Fermente als geschwächte Abkömmlinge der geformten Substrate zu vermuthen, deren Wirkungen sich ausserhalb der Organismen vollziehen.

Fragen wir uns nun, wie denn ein und dasselbe

geformte Element sowohl Synthesen, wie auch Spaltungen hervorrufen kann, so findet sich wiederum nirgend anders dafür ein Anhalt, als in jenen Fähigkeiten der Sauerstoffträger; jene merkwürdige Labilität des Sauerstoffatoms, wie sie durch dieselben hervorgerufen wird, vermag allein uns diese Thatsache zu erklären. Es lässt sich leicht annehmen, dass dieselben Sauerstoffatome, welche einer Substanz zum Zweck der Assimilation entzogen werden, alsbald zur Spaltung einer andern Substanz dienen, und dass dieses ohne und mit Begleitung von Wasserstoffatomen geschieht; dass ferner, indem sich diese Thätigkeit gegen ganze Moleküle oder einzelne Atomgruppen richtet, hier die mannigfaltigsten Variationen möglich sind, zahlreich genug, um alle Fälle des organischen Stoffwechsels zu decken. Ein theoretisches Eingehen auf diese Möglichkeiten wäre wenig fördernd; hier werden uns solche Versuchsreihen, wie sie Drechsel mit seinen Wechselströmen angestellt hat, und bei denen er durch abwechselnde Reduction und Oxydation Anhydridbildung und Synthesen erzeugen konnte, grössere Klarheit bringen. Wenn auch hierbei das wirkende Agens ein anderes ist, als bei den Ozonophoren der Zelle, der Modus der Wirkung enthält viel Uebereinstimmendes.

Da der endgiltige Verbrauch von Sauerstoff für die Spaltungen der Organismen meist ein sehr überwiegender ist, so wird meist der freie Zutritt desselben nothwendig sein; für eine Zeit lang kann derselbe jedoch entbehrt werden, und kann der auf dem Reductionswege gewonnene Sauerstoff ausreichen, um den Lebensprocess und seine Nebenwirkungen zu erhalten, wie manche Beobachtungen an Pflanzen, Mikroorganismen und selbst an Kaltblütern zeigen. Natürlich müssen die Effecte andere sein, wenn der Bedarf an Sauerstoff durch Reduction gedeckt wird, als wenn dieses zum grösseren Theil durch freien Zutritt desselben geschieht.

Die Theorien der Gährung, die Frage von den Anaërobien, ja viele andere schwierige Fragen des organischen Stoffwechsels erscheinen dieser Hypothese gegenüber in einem einfachen Lichte. In gewissem Sinne sind alle lebenden Organismen anaërobiotisch, aber die Energie der Sauerstoffübertragung ist bei verschiedenen Organismen verschieden, und je nach der Grösse dieser Verschiedenheit wird auch die Anaërobiose mehr oder weniger prägnant hervortreten.

In der Beurtheilung der Vorgänge bei den höheren Thieren wird uns unsere Hypothese nicht weniger förderlich sein. Hierbei bleiben uns die Chlorophyllkörner der Pflanze deshalb von Werth, weil sie in grober Form diejenige Thätigkeit zeigen, die wir von den Granulis der Zelle überhaupt zu erwarten haben; die Mikroorganismen aber, welche in ihren niedersten Formen, wie oben erwähnt, gegenüber den Granulis eine gewisse Gleichwerthigkeit haben mögen, werden uns dadurch bedeutungsvoll, dass man an ihnen die Eigenschaften der Granula in reiner Form und unbeeinflusst von anderen Bestandtheilen der Zelle prüfen kann; da ausserdem bei ihnen die Energie der Sauerstoffübertragung den höchsten Grad zu erreichen scheint, so werden sie grade geeignet sein, das Verhalten der Ozonophoren in mancher Beziehung am schärfsten zu zeigen.

Wie sterben die Ozonophoren? Hoppe-Seyler hat den Satz aufgestellt, dass lebende Protoplasmen und Organe sich zu todten verhalten wie Anhydride zu ihren Hydraten. Dieser Satz ist deshalb willkommen, weil er an Stelle der mystischen Begriffe des Lebens und des Todes chemische Anschauungen setzt. Wie aber kommt diese chemische Umsetzung zu Stande? Wohl so, dass die Ozonophoren bei Unterbrechung der Sauerstoffzufuhr durch ihr hohes Sauerstoffbedürfniss eine Selbstzersetzung eingehen, wie sie ja an empfindlichen Substanzen auch sonst zu beobachten ist; sie erlangen so eine höhere Oxydations- oder Hydrationsstufe und damit die Eigenschaften der gelösten Fermente. Es ist hier bezeichnend, dass das Zymogen des Pancreas, diese Uebergangsstufe zwischen geformtem und gelöstem Ferment, durch einfache Sauerstoffdurchleitung in Trypsin verwandelt werden kann, und dass es leichter ist nach dem Tode aus glycogenreichen Organen Dextrin und Zucker zu gewinnen, als Glycogen selbst.

Müssen sich die Kräfte der Ozonphoren erschöpfen? Keineswegs, denn für diejenigen Organismen, welche sich durch Zweitheilung ihres Gesammtkörpers fortpflanzen, pflegen wir ja einen Abschluss ihres Lebens nicht anzunehmen. Mit der höheren Organisation dagegen scheint an und für sich schon eine Schwächung der Energien einzutreten, denn eine thierische Zelle vermag durch ihre Elemente zwar ähnliches, aber nicht dasselbe zu leisten, wie ein selbstständiger Coccus; mit dieser Degeneration aber scheint dann die Nothwendigkeit des allmählichen typischen Absterbens unbedingt verknüpft zu sein.

So haben wir in den Ozonophoren einen einheitlichen Begriff, welcher geignet ist, den des lebenden Protoplasmas wenigstens in Bezug auf seine vegetativen Functionen in sachlicher Weise zu ersetzen, und welcher im Stande ist, uns gegenüber den vielgestaltigen Vorgängen des organischen Stoffwechsels als Unterlage zu dienen.

Fassen wir die Fähigkeiten der Ozonophoren noch einmal kurz zusammen, so vermögen sie durch Sauerstoffübertragung sowohl Reductionen, wie Oxydationen auszuführen und auf diese Weise die Spaltungen und Synthesen des Organismus zu erwirken, ohne dass sie selbst ihre Individualität einbüssen. Wenn sich hierbei auch die Tendenz bemerkbar macht, in sich selbst die synthetischen Produkte anzuhäufen, in ihrer Umgebung aber die Spaltungen zu erzeugen, so ist dieses nur der eine Theil ihrer Thätigkeit. Die in sich aufgehäuften Produkte vermögen sie, wie wir ebenfalls an den Chlorophyllkörnern sehen, dem allgemeinen Stoffwechsel durch Spaltung wieder zuzuführen; andrerseits finden sich Anzeichen, dass sie in ihrer Umgebung nicht nur Oxydationen, sondern auch Reductionen ausführen können; die Wirkungen jener Metalloxyde geben hier ein gutes Vorbild. Ob sich bestimmte und zwingende Ursachen für die Richtung dieser Wirkungen werden auffinden lassen, muss genauerer Untersuchung vorbehalten bleiben.

IV. Die Darstellung der Granula.

Wir sehen im Organismus continuirlich grosse Quantitäten indifferenten Sauerstoffs, wie er unter Vermittelung des Haemoglobins den einzelnen Organen zugeführt wird, verschwinden, und dafür Oxydationsprodukte auftreten, deren Entstehung eine Aktivität des verbrauchten Sauerstoffs voraussetzt. Hieraus können wir auf energische Oxydationsprozesse im Organismus schliessen. Für den Vorgang der Reduction ist jenes Verschwinden des Sauerstoffs noch kein Beweis, wohl aber müssen wir auch Reductionen als vorhanden annehmen, weil sonst viele Processe nicht erklärlich wären; auch können wir die reducirende Kraft des Organismus leicht mit Hülfe künstlich zugeführter Stoffe erweisen; so wird chlorsaures Kali in Chlorkalium verwandelt, rothes Blutlaugensalz in gelbes, Indigoblau zu Indigweiss reducirt etc. Aus diesen und zahlreichen anderen Beobachtungen hat man schon lange geschlossen, dass sich die Thätigkeit des lebenden Protoplasmas in einem steten Wechsel von Reduction und Oxydation vollzieht (Pflüger).

Nun ist aber der Begriff des lebenden Protoplasmas in seinem Alles umfassenden Sinn sehr wenig fördernd; wir müssen im Gegentheil danach streben, uns seiner zu entledigen und an seine Stelle einfachere Begriffe zu setzen. Hierzu ist vor Allem eine genauere anatomische Zergliederung desselben nöthig. Kupfer hat hier durch seine Gegenüberstellung des mit lebendigen Eigenschaften begabten geformten Protoplasmas gegenüber dem indifferenten gelösten Paraplasma den Anfang gemacht. Aber er kannte nur das Filarplasma der Zelle; die Lebensäusserungen desselben sind, wie oben erwähnt, doch wohl mehr physikalischer Natur, wenn auch eine Rückwirkung derselben auf chemische Umsetzungen naturgemäss angenommen werden muss. Hingegen werden wir uns bemühen, den Nachweis zu führen, dass die Granula der Zelle die Ursache und die Träger der Stoffwechselvorgänge sind. Erst durch diese Trennung der animalen und vegetativen Function für Zellenfäden und Zellenkörner scheint die Möglichkeit zu einem einfacheren Verständniss des lebenden Protoplasmas gegeben zu sein.

Wenn wir nach dem Vorbild der Chlorophyllkörner den Granulis der Zelle die Fähigkeit der Sauerstoffübertragung, also sowohl der Reduction wie der Oxydation zugemuthet haben, so könnte es auf den ersten Blick scheinen, als müsste es leicht sein, dieselben mit reducirbaren Substanzen zu imprägniren, und so nicht nur ihre Gegenwart nachzuweisen, sondern auch gleichzeitig ihre Functionen zu demonstriren. An den Chlorophyllkörnern ist dieses auch durch Loew mit Hilfe der Silberoxydammoniaks geschehen, und einzelne der durch Nussbaum ausgeführten Osmiumfärbungen von Fermentkörnern mögen auch hierher gehören; im Allgemeinen jedoch hat eine solche Demonstration der Granula ihre grossen Schwierigkeiten.

Ein Grund dafür dürfte vielleicht darin liegen, dass die wirksame Substanz der Körner leicht eine Dissociation erleidet, sobald sie mit fremden Stoffen in Berührung kommt, bevor noch eine Einlagerung derselben Statt haben kann.

Ferner kann die Reduction, wie vorher erwähnt, sich auch in der Umgebung des Kornes äussern, sie braucht nicht immer im Innern desselben stattzufinden.

In andern Fällen wird der Grund in der Versuchsanordnung selbst liegen können, wie folgendes Beispiel zeigt. Applicirt man einem Meerschweinchen subcutan 1 Gramm Tellursäure in 10 procentiger wässriger Lösung und wartet den Tod des Thieres ab, so finden sich einzelne Organe, besonders die Leber und die Nierenrinde schwarz gefärbt. Es lag nahe anzunehmen, dass hier das Trioxyd einfach zu Tellur reducirt wird, die schwarzen Tellurkörnchen demnach den Ort der Reduction in der Zelle anzeigten. Bei der mikroskopischen Untersuchung findet man die Tellurkörnchen regellos in der Zelle zerstreut und ohne irgend eine

Beziehung zu den geformten Bestandtheilen derselben. Es schien also, als wenn in dem gelösten Bestandtheile der Zelle die Reduction stattgefunden habe. Und doch ist dieser Schluss falsch, denn schon mit Hilfe des Geruchs kann man erkennen, dass alsbald nach der Injection Tellurwasserstoff gebildet wird, der von dem Thier, sei es mit der Respirationsluft, sei es mit dem Harn, ausgeschieden wird. Es lässt sich also annehmen, dass hier nicht das Trioxyd, sondern das Tellursäurehydrat reducirt ($TeH_2O_4 - O_4 = TeH_2$) ist, und dass dann erst die Oxydation des Tellurwasserstoffs die Niederschläge der schwarzen Tellurkörnchen ergiebt; diese letzteren zeigen also nicht den Ort der Reduction, sondern den Ort der Oxydation innerhalb der Zelle an.[1]

Man wird schwerlich ein einfacheres und klareres Beispiel von den Wirkungen des Organismus finden. Jedenfalls zeigt dasselbe, wie vorsichtig man die Reactionen desselben beurtheilen muss. Wenn Ehrlich auf Grund der Einführung von Farbstoffen, die eine viel complicirtere Zusammensetzung haben, und auf Grund von Beobachtung der an den Organen sichtbaren Totalaffecte ohne Untersuchung der Zelle

---

[1] Die Beobachtung, dass in den Organismus eingeführte Tellursäure Schwärzung der Organe giebt, war in dem Leipziger physiologischen Institut gamacht worden. Da mich dieses wegen der Granula interessirte, so erlaubte mir Herr Professor Ludwig weitere Versuche anzustellen, welche zu der Beobachtung des Tellurwasserstoffs geführt haben.

selbst dennoch Bau und Function der Zelle deuten will, so ist dieses jedenfalls zu weit gegangen, und sein Versuch einer „Topik der Verbrennungsprocesse“ musste schon deshalb fehl gehn, weil ihm eine genügende Topographie der Zelle nicht zur Verfügung stand. Ohne zutreffende Analogieen für die im Organismus stattfindende Activirung des Sauerstoffs vermochte auch er nicht über den Begriff des lebenden Protoplasmas hinauszugehn.

Wenn aus den angeführten Gründen der directe Nachweis von der Existenz und der Function der Zellengranula seine Schwierigkeiten hat, so sind wir eben genöthigt, diesen Nachweis auf indirectem Wege zu führen, und wollen wir uns zunächst damit beschäftigen, die weite Verbreitung der Zellengranula zu demonstriren. Für diesen Zweck sollen die beigegebenen Præparate dienen. Dieselben sind so hergestellt, dass trockene ungefärbte Paraffinschnitte zunächst in grosser Zahl auf grosse Glimmerplatten geklebt wurden. Die Dicke der Schnitte beträgt im Durchschnitt 3 μ. Die Glimmerplatten wurden dann in flüssiges Paraffin getaucht, in die einzelnen Stückchen zerschnitten, und diese durch Erwärmen auf dem beigegebenen Papierstreifen vermittelst des anhaftenden Paraffins so befestigt, dass das Praeparat selbst frei nach oben liegt.

Um nun die Praeparate zu untersuchen, löst man den in der Vertiefung der Tafel an beiden Enden mit

Paraffin angeklebten Papierstreifen los und schneidet das einzelne Glimmerstückchen zusammen mit seinem Papierstück von demselben ab. Dann fasst man das Papierstück mit einer Pincette und bringt es in ein mit Xylol gefülltes Schälchen. Hier bleibt es so lange liegen, bis das Papier entfernt werden kann und bis alles Paraffin sichtbar gelöst ist, und kann man dieses durch Hin- und Herschwenken des Glimmerstückchens beschleunigen. Dann bringt man dasselbe mit der Pincette in ein Schälchen mit absolutem Alkohol, nachdem man das überschüssige Xylol auf Fliesspapier abgesaugt hat, schwenkt das Stückchen in dem Alkohol mehrmals hin und her, ohne es loszulassen, und legt es dann auf einen Objectträger, sodass das Praeparat frei nach oben liegt. Alsdann saugt man den überschüssigen Alkohol mit Fliesspapier ab, und bringt dann, während man das Glimmerstückchen mit einer Nadelspitze an den Objectträger andrückt, mehrere Tropfen einer Lösung von Säurefuchsin darauf.

Diese Lösung wird so hergestellt, dass man 10 Gramm des trockenen Farbstoffs in 66 Gramm Wasser löst und alsdann 33 Cubikcentimeter absoluten Alkohol hinzufügt. Der käufliche Farbstoff ist leider in seinen Eigenschaften nicht immer gleichartig. Da derselbe ein Gemenge von Rosanilinmono- und Disulfosäure enthält, so scheint das Verhältniss beider Säuren bei verschiedenen Fabrikationen verschieden auszufallen. Am besten ist dasjenige Fabrikat, welches aus wässrigen Lösungen am leichtesten durch Alkohol gefällt wird.

Nachdem man den Farbstoff auf das Praeparat gebracht hat, bewirkt man ein gleichmässiges Ueberströmen, sei es mit Hilfe der Nadel, sei es durch Bewegungen des Objectträgers, verhindert so ein Schwimmen des Plättchens und lässt dann den Farbstoff etwa drei Minuten wirken. Es ist nützlich, inzwischen die Bewegungen des Objectträgers zu wiederholen; eine Concentration der Farbstofflösung durch Verdunstung schadet nichts, sondern ist sogar nützlich.

Dann fasst man das Glimmerstückchen wieder fest in die Pincette, saugt den überflüssigen Farbstoff auf Fliesspapier ab, und bringt es in eine Schale, welche etwa 50 Cctm. Picrinsäurelösung enthält. Die letztere wird so hergestellt, dass man 10 Gramm der trockenen Säure in 150 Cctm. absoluten Alkohols löst und das doppelte Volumen Wasser hinzufügt. In der Picrinlösung lässt man das Glimmerstückchen nicht los, sondern schwenkt dasselbe kurze Zeit energisch hin und her und bringt es dann sofort in eine andere Schale mit absolutem Alkohol. Die Differenzirung vollzieht sich in der Picrinlösung, der Alkohol verhindert dann eine zu weit gehende Wirkung. Auch die Alkoholschale wird zweckmässig etwa 50 Cctm. enthalten. Man kann jetzt das Glimmerstückchen, das man auch im Alkohol nicht loszulassen, sondern nur öfters hin und her zu schwenken braucht, auf einen Objectträger legen, wiederum das Praeparat nach oben, den überschüssigen Alkohol absaugen, mit einem Tropfen Bergamottöl aufhellen, und nun, nachdem man ein Deckgläschen darauf gelegt hat, vorläufig untersuchen, ob die Differenzirung schon gelungen ist. Gewöhnlich wird dieses noch nicht der Fall sein, und muss man nun das Deckgläschen vorsichtig abheben, das Glimmerstückchen mit der Pincette in absolutem Alkohol von dem Bergamottöl befreien, dann wieder kurze Zeit in der Picrinlösung hin- und herschwenken, wieder in Alkohol abwaschen, in Bergamottöl aufhellen und in Xylol-Balsam einschliessen. Hat man die nöthige Erfahrung, so sieht man es dem Praeparat schon mit dem blossen Auge an, ob die Differenzirung gelungen ist. Zweckmässig bleibt es immer, dieselbe nicht gleich das erste Mal durch längeren Aufenthalt in der Picrinlösung erzwingen zu wollen, sondern je zwei Schalen mit Picrinlösung und Alkohol bereit zu halten und das Praeparat durch alle vier in der beschriebenen Art gehen zu lassen. Das erste Paar dient dann mehr zum Entfernen des überschüssigen Farbstoffes, das zweite mehr zur Differenzirung. Wer diese Erfahrung nicht hat, thut gut, inzwischen in Bergamottöl zu untersuchen; wenn andere Zellenbestandtheile, etwa des Kernes, noch eine röthliche Färbung haben, ist es zweckmässig, die Procedur zu wiederholen; die Differenzirung wird reiner und prägnanter.

Die Untersuchung geschieht zweckmässig mit starker Oellinse (1/20 Leitz, 1/18 Zeiss), schwachem Ocular und grossem Beleuchtungskegel. Von den angegebenen Manipulationen erfordert nur die Picrinwirkung einige Aufmerksamkeit. Eine kurze Ueberlegung wird genügen, um zu wissen, wie man im Voraus seine Schalen zu ordnen hat; man behalte stets im Auge, auf welcher Seite des Glimmerstückchens das Praeparat befestigt ist. Da die Glimmerplatten nur eine durchschnittliche Dicke von 1/20 Mm. haben, so ist das Glimmerstückchen unter dem Deckglas nicht störend, wenn nur das Praeparat nach oben zu liegen kommt.[1] Die nöthigen Flüssigkeiten werden also in folgender Reihenfolge angewendet: Xylol, Alkohol, Farbstoff, Picrin, Alkohol, Bergamottöl, Xylolbalsam.

Hat man die angegebenen Vorschriften befolgt, und ein gutes Säurefuchsin zu seiner Verfügung, so findet man von allen Bestandtheilen der Zelle nur die Granula gefärbt, welche in den meisten Zellengattungen gegenüber den bisherigen Methoden völlig unsichtbar und deshalb bisher unbekannt geblieben sind.

---

[1] Solche Glimmerplatten verwende ich bereits seit längerer Zeit, um in Cursen die Vertheilung von sei es gefärbten oder ungefärbten Praeparaten an die Zuhörer auszuführen. Die Methode hat sich mir als eine grosse Erleichterung bewährt. Der Zuhörer kann, indem er das Glimmerstückchen mit der Pincette fasst, mit demselben nach Belieben manipuliren, und vermag dennoch nichts an den zarten Schnitten zu zerstören. Das Ankleben der Schnitte führe ich jetzt mit Alkohol aus, in welchem ein wenig Schiessbaumwolle gelöst ist.

Was die Haltbarkeit der Praeparate betrifft, so scheint es darauf anzukommen, dass man die Picrinsäure genügend mit Alkohol ausgewaschen hat, doch darf man auch den Alkohol nicht zu lange wirken lassen, weil er sonst schädlich ist; auch kann man zweckmässig, bevor man das Praeparat in Balsam bringt, das Bergamottöl mit Xylol entfernen.

Man kann mit dieser Färbungsmethode bei allen möglichen Härtungsmitteln Differenzirungen verschiedener Art erzielen, ohne dass die Granula sichtbar werden. Um diese darzustellen, bedarf es ganz bestimmter Fixirungsmethoden, und erst in Verbindung mit diesen erhält jene Färbung ihren Werth. Da diese vorausgehende Behandlung der Organstücke noch besondere Vorsichtsmassregeln erfordert, so wollen wir sie erst in einem späteren Kapitel beschreiben. Die beigegebenen Praeparate sind alle nach dem gleichen Schema behandelt. Bemerkt sei noch, dass bei verschiedener Grösse der Granula eine etwas verschiedene Dauer der Picrinwirkung nöthig ist, und dass es deshalb leicht kommen kann, dass in einzelnen Schnitten nicht alle Gattungen der Granula gleichzeitig gleich gut sichtbar sind.

Die Intensität der Differenzirung kann man, abgesehen von der Wahl eines guten Säurefuchsins, noch durch künstliche Aenderungen der Methode erhöhen; doch würde uns die Beschreibung derselben für jetzt zu weitschweifig werden. Im Allgemeinen habe ich darauf grossen Werth gelegt, überall mit der einen angegebenen Methode und mit einheitlichen Fixirungsmitteln durchzukommen. Die Methode gewinnt dadurch den Werth einer Reaction, die, wie wir sehen werden, manche positiven Schlüsse über die Natur der Granula erlaubt.

Die Praeparate liegen auf dem Papierstreifen von oben nach unten in folgender Reihe: Leber von Rana temporaria, Leber von Salamandra maculosa, Niere von Rana esculenta, Niere von Salamandra maculosa, Darm von Rana temporaria, Darm von Rana esculenta, Magen von Rana esculenta, Muskel von Rana esculenta.

Da wir die einzelnen Organe für sich ausführlicher zu behandeln haben werden, so ersparen wir uns für jetzt ein näheres Eingehen auf die Details der Bilder und begnügen uns mit einigen Bemerkungen. Die Praeparate sind alle von hungernden Thieren entnommen, um vorläufig etwaige Beziehungen der Stoffwechselvorgänge zu den Granulis noch auszuschliessen. Es wird bei der Beobachtung ausser guter Beleuchtung und guten Linsen auch noch nöthig sein, die besten Stellen herauszusuchen, denn einestheils sind kleine Unregelmässigkeiten und Fehler kaum zu vermeiden, anderntheils ist nur bei sehr kleinen Organstücken die Wirkung eine gleichmässige. Solche Unregelmässigkeiten zeigen sich zuweilen beim Vergleich von Peripherie und Centrum des Schnittes und sind dann auf die ungleichmässige Wirkung des Fixirungsmittels zurückzuführen.

Es wird gut sein, bei der Beobachtung zunächst Form, Grösse und Zahl der Granula zu beachten. Ausserdem käme dann die Art der Lagerung und insbesondere das Verhältniss zu den Zellfibrillen in Betracht. Bei dem Muskelschnitt ist dieses letztere am deutlichsten zu sehen; die Körnchenreihen liegen hier zwischen Gruppen der Fibrillen aufgereiht, welche welche etwa den sogenannten Cohnheim'schen Feldern entsprechen mögen. Es sei noch bemerkt, dass der Muskelschnitt die intensivste Picrinwirkung verlangt, und dass die Lagerung der Körner den Querstreifen der Fibrillen sich anzuschliessen scheint. An den Darmschnitten von Rana esculanta und temporaria, vielleicht auch an dem Magenschnitt, sind auch in den glatten Muskelzellen ähnliche Körnchenreihen sichtbar, sobald die Reaction gut gelungen ist. Im Uebrigen beachte man hier die eigenthümliche Anhäufung der Granula am Cuticularsaum etc. Bei der Leber von Rana temporaria sind die von Kupfer demonstrirten Fäden der Leberzelle wenig oder gar nicht sichtbar. Es rührt dieses daher, dass dieselben überhaupt nur dann eine beträchtliche Ausdehnung und dadurch grössere Deutlichkeit erlangen, wenn das Thier sich in einem guten Fütterungszustande befindet und die Leberzellen mit Nahrungsvorräthen vollgehäuft sind; man findet dann die Granula um das Gallenröhrchen gruppirt und kann, wie wir es an späteren Praeparaten noch sehen werden, Fäden und Körner der Zelle deutlich von einander trennen. Dieses ist bei andern Zellengattungen oft schwierig, und müssen wir dann aus der Lagerung der Körner auf den Verlauf der Zellfäden schliessen. Ferner beachte man in der Salamanderniere die auffallende Differenz in der Körnergrösse verschiedener Harnkanälchen, im Magenschnitt die schöne Ausbildung der Granula in den Belagzellen, das öftere Auftreten stäbchenartiger Granula in den verschiedenen Schnitten etc.

Ob es sobald gelingen wird, die Granula intra vitam durch künstliche Einführung von Stoffen in den Organismus zu demonstriren, daran möchte ich vorläufig zweifeln, denn trotz intensiver Bemühungen habe ich bisher Erfolge nicht gehabt; die möglichen Gründe dafür sind oben auseinandergesetzt worden. So bleibt uns nichts anderes übrig, als unsere Kräfte dahin zu richten, den physiologischen Process in der Zelle innerhalb und ausserhalb der Granula zu verfolgen. Wir werden es hierbei nicht so leicht haben, wie die Botaniker, denen die Natur die grossen Chlorophyllkörner so schön grün gefärbt hat, und denen ein Tropfen Jodlösung genügt, um die wichtigsten Vorgänge daran zu erkennen. Dennoch bietet auch das farblose Granulum manche Gelegenheit, seiner Thätigkeit näher zu treten.

Tafel I.

Hungerbilder.

Erklärung der Praeparate.

Die Praeparate liegen auf dem Papierstreifen der Tafel in der Reihenfolge folgender Nummern:

Praep. 1. Leber von Rana temporaria.
Praep. 2. Leber von Salamandra maculosa.
Praep. 3. Niere von Rana esculenta.
Praep. 4. Niere von Salamandra maculosa.
Praep. 5. Darm von Rana temporaria.
Praep. 6. Darm von Rana esculenta.
Praep. 7. Magen von Rana esculenta.
Praep. 8. Muskel von Rana esculenta.